COMMENT VIVRE AVEC LES ROBOTS

MARIA LONACHELLO

SOMMAIRE

1 Introduction aux robots

2 Avantages et défis de coexistence

3 Implications économiques et sociales

4 Amélioration de la qualité de vie

5 Risques potentiels
d'utilisation

6 Réglementations et lois
en place

7 Progrès technologiques
en matière de robots
autonomes

8 Utilisation des robots en
santé et assistance aux
personnes âgées

9 Robots de service dans
l'industrie du tourisme

10 Place des robots dans
l'avenir.

1. INTRODUCTION AUX ROBOTS

Les robots sont de plus en plus présents dans notre vie quotidienne et ils jouent un rôle de plus en plus important dans de nombreux aspects de la société. Ils peuvent être utilisés dans de nombreux domaines, allant de l'industrie à la santé en passant par l'assistance aux personnes âgées et le divertissement.

Les robots sont généralement conçus pour effectuer des tâches répétitives et précises, mais ils peuvent également être programmés pour apprendre et s'adapter à de nouvelles situations. Certains robots sont même dotés de technologies de reconnaissance de la parole et de l'intelligence artificielle, leur permettant d'interagir de manière autonome avec leur environnement.

Il y a de nombreux avantages à l'utilisation des robots, tels que l'amélioration de l'efficacité et de la productivité, la réduction des coûts et la sécurité accrue dans certaines situations. Cependant, il y a également des défis à surmonter, tels que la perte d'emplois et les questions de sécurité et de responsabilité liées à l'utilisation des robots.

Il est important de comprendre les implications de l'utilisation des robots et de travailler ensemble pour trouver un équilibre entre les avantages et les défis de leur coexistence avec nous.

Difficiles ou dangereuses pour les humains, telles que la manipulation de substances chimiques ou la réalisation de travaux dans des conditions extrêmes.

Ils peuvent également être utilisés pour accomplir des tâches routinières et fastidieuses, libérant ainsi les humains de ces tâches pour qu'ils puissent se concentrer sur des travaux plus créatifs et complexes.

Il y a également de nombreuses applications pour les robots dans le divertissement, comme les robots de compagnie conçus pour interagir avec les humains et les divertir. Les robots peuvent également être utilisés pour créer des expériences de divertissement immersives, telles que les parcs à thème robotiques ou les spectacles de robots.

Il est important de noter que les robots ne sont pas seulement conçus pour remplacer les humains, mais plutôt pour travailler avec eux de manière collaborative. En travaillant ensemble, humains et robots peuvent atteindre des résultats plus efficaces et plus importants qu'ils ne le pourraient séparément.

En résumé, les robots sont de plus en plus présents dans notre vie quotidienne et ils jouent un rôle de plus en plus important.

Il y a cependant des défis à surmonter pour assurer une coexistence harmonieuse entre les humains et les robots. L'un des principaux défis est la perte d'emplois, car certains travaux peuvent être automatisés par les robots. Cependant, il est important de noter que l'automatisation de certaines tâches peut également libérer les humains de travaux

routiniers et fastidieux, leur permettant de se concentrer sur des travaux plus créatifs et complexes.

Il y a également des préoccupations en matière de sécurité et de responsabilité liées à l'utilisation des robots. Les robots peuvent être dangereux s'ils sont mal utilisés ou s'ils tombent en panne, et il est important de mettre en place des réglementations et des lois pour encadrer leur utilisation.

Enfin, il y a également des préoccupations éthiques liées à l'utilisation des robots, notamment en ce qui concerne la manière dont ils sont conçus et utilisés, et comment ils interagissent avec les humains. Il est important de prendre en compte ces préoccupations éthiques lors de la conception et de l'utilisation des robots.

2. AVANTAGES ET DEFIS DE COEXISTANCE

Aujourd'hui, les robots sont de plus en plus présents dans notre vie quotidienne. Ils sont utilisés dans de nombreux secteurs, tels que l'industrie, la médecine, l'agriculture et même dans les foyers en tant qu'assistants domestiques.

La coexistence avec les robots présente de nombreux avantages. Tout d'abord, les robots peuvent être utilisés pour effectuer des tâches pénibles ou dangereuses pour les humains, ce qui peut réduire les risques de blessures ou d'accidents de travail. De plus, les robots peuvent travailler de manière plus efficace et plus rapide que les humains, ce qui peut entraîner une augmentation de la productivité et de la compétitivité des entreprises.

En outre, les robots peuvent également être utilisés pour effectuer des tâches qui nécessitent une précision et une précision extrêmes, comme la chirurgie robotisée ou la fabrication de produits de haute qualité.

Cependant, la coexistence avec les robots présente également des défis. Tout d'abord, il y a un coût associé à l'acquisition et à l'entretien des robots, qui peut être prohibitif pour certaines entreprises ou foyers. De plus, il y a également des craintes concernant la perte d'emplois pour les humains, en particulier dans les industries où les robots peuvent remplacer les travailleurs humains.

Il y a également des préoccupations concernant la sécurité et la fiabilité des robots, en particulier dans les situations où ils sont utilisés pour effectuer des tâches critiques. Enfin, il y a également des questions éthiques à prendre en compte, telles que la manière dont les robots doivent être conçus et utilisés de manière responsable.

En résumé, la coexistence avec les robots présente à la fois des avantages et des défis. Il est important de reconnaître ces avantages et défis et de travailler ensemble pour trouver des solutions qui profitent à tous.

Malgré ces défis, il est important de reconnaître que la coexistence avec les robots peut apporter de nombreux bénéfices à notre société. En travaillant ensemble, nous pouvons trouver des moyens de tirer parti des avantages offerts par les robots tout en abordant les défis associés à leur utilisation.

Une des clés pour réussir cette coexistence est la communication et la collaboration. Les humains et les robots doivent travailler ensemble de manière transparente et efficace pour atteindre les objectifs de l'entreprise ou de la communauté. Cela signifie que les humains doivent être formés et préparés à travailler avec les robots et que les robots doivent être conçus et programmés de manière à être facilement intégrés dans les environnements de travail humains.

En outre, il est important de veiller à ce que les robots soient utilisés de manière équitable et responsable. Cela signifie qu'il est important de s'assurer que les robots ne sont pas utilisés pour remplacer les emplois des humains de manière injuste et que leur utilisation ne porte pas atteinte aux droits des humains.

En fin de compte, la coexistence avec les robots est un défi complexe, mais c'est aussi une opportunité passionnante de travailler ensemble pour construire un avenir meilleur pour tous. En reconnaissant les avantages et les défis de cette coexistence et en travaillant ensemble pour trouver des solutions, nous pouvons tirer le meilleur parti des robots et créer une société prospère et durable.

Pour réussir cette coexistence avec les robots, il est également important de veiller à ce que les règles et les réglementations soient mises en place pour encadrer leur utilisation. Cela peut inclure des lois sur la responsabilité des fabricants de robots, des règles sur l'utilisation de robots dans les environnements de travail et des lignes directrices sur la manière dont les robots peuvent être utilisés de manière éthique et responsable.

En outre, il est important de s'assurer que les bénéfices de l'utilisation des robots soient répartis de manière équitable dans notre société. Cela peut inclure des programmes de formation pour aider les travailleurs à s'adapter aux nouvelles technologies et à acquérir de nouvelles compétences, ainsi que des politiques pour soutenir les entreprises et les individus qui pourraient être affectés par la transition vers une économie plus robotisée.

Enfin, il est important de reconnaître que la coexistence avec les robots ne concerne pas seulement les entreprises et les gouvernements, mais aussi chaque individu. Chacun de nous a un rôle à jouer pour veiller à ce que cette coexistence se déroule de manière harmonieuse et bénéfique pour tous. Cela peut inclure l'éducation et la sensibilisation aux nouvelles technologies, ainsi que la participation à des débats et des discussions sur la meilleure manière de tirer parti des robots tout en gérant les défis associés à leur utilisation.

En résumé, la coexistence avec les robots est un défi passionnant qui offre de nombreuses opportunités pour notre société. En travaillant ensemble et en veillant à ce que les avantages et les défis de cette coexistence soient gérés de manière responsable et équitable, nous pouvons créer un avenir meilleur pour tous.

Les robots peuvent être utilisés pour effectuer des tâches pénibles ou dangereuses pour les humains, comme la manipulation de matériaux lourds dans les usines ou l'inspection de structures dangereuses. Cela peut réduire les risques de blessures ou d'accidents de travail pour les humains et améliorer la sécurité dans ces environnements de travail.

- Les robots peuvent travailler de manière plus efficace et plus rapide que les humains, ce qui peut entraîner une augmentation de la productivité et de la compétitivité des entreprises. Par exemple, un robot peut assembler des pièces de manière plus précise et plus rapide qu'un humain, ce qui peut réduire les coûts de production et améliorer la qualité des produits finis.

- Les robots peuvent être utilisés pour effectuer des tâches qui nécessitent une précision et une précision extrêmes, comme la chirurgie robotisée ou la fabrication de produits de haute qualité. Par exemple, un robot chirurgical peut effectuer des incisions précises et réaliser des mouvements complexes avec une grande précision, ce qui peut améliorer les résultats chirurgicaux pour les patients.

- Il y a des craintes concernant la perte d'emplois pour les humains, en particulier dans les industries où les robots peuvent remplacer les travailleurs humains. Par exemple, l'automatisation de certaines tâches industrielles peut entraîner la suppression de certains emplois pour les travailleurs humains.

- Il y a des préoccupations concernant la sécurité et la fiabilité des robots, en particulier dans les situations où ils sont utilisés pour effectuer des tâches critiques. Par exemple, un robot qui effectue des tâches de maintenance sur une ligne de production doit être fiable et sécurisé pour éviter tout accident ou incident.

- Il y a des questions éthiques à prendre en compte, telles que la manière dont les robots doivent être conçus et utilisés de manière responsable. Par exemple, il est important de s'assurer que les robots ne sont pas utilisés de manière discriminatoire ou pour violer les droits de l'homme.

3 IMPLICATIONS ECONOMIQUES ET SOCIALES

Avec l'augmentation de l'utilisation des robots dans de nombreux secteurs de l'industrie, il est important de prendre en compte les implications économiques et sociales de cette tendance croissante.

Sur le plan économique, l'utilisation de robots peut entraîner une augmentation de la productivité et une réduction des coûts de main-d'œuvre, ce qui peut avoir un impact positif sur les bénéfices des entreprises. Cependant, il y a également des risques associés à l'automatisation croissante, notamment la possibilité de perte d'emplois pour les travailleurs remplacés par des robots. Il est important de prendre en compte ces risques et de mettre en place des mesures pour atténuer leur impact, comme des programmes de formation pour aider les travailleurs à acquérir de nouvelles compétences et à s'adapter à l'évolution du marché du travail.

Sur le plan social, l'utilisation de robots peut avoir un impact sur les relations entre les travailleurs et les employeurs, ainsi que sur les relations interpersonnelles en général. Il est important de veiller à ce que les robots soient utilisés de manière responsable et éthique, en prenant en compte les besoins et les préoccupations des individus et des communautés.

En résumé, la vie avec les robots présente de nombreux défis et opportunités, tant sur le plan économique que sur le plan social. Il est important de gérer ces implications de manière responsable et de travailler ensemble pour créer un avenir meilleur pour tous.

Une autre considération importante est la question de l'inégalité des chances et de l'accès aux technologies robotiques. Si l'automatisation se développe de manière inégale, cela peut entraîner une augmentation de l'inégalité économique et sociale, avec certaines personnes et certaines communautés bénéficiant davantage de l'adoption des robots que d'autres. Il est important de veiller à ce que les avantages de l'utilisation de robots soient partagés de manière équitable et que les personnes et les communautés qui pourraient être laissées pour compte ne soient pas oubliées.

En outre, l'utilisation de robots peut avoir un impact sur la structure même de l'économie et de la société. Par exemple, si de nombreux travaux sont automatisés, cela peut entraîner une réduction de la demande de main-d'œuvre et une augmentation de la concentration de la richesse entre ceux qui possèdent les technologies robotiques. Cela peut avoir des conséquences durables sur la société et nécessiter des adaptations pour gérer ces changements.

En conclusion, la vie avec les robots présente de nombreuses implications économiques et sociales qui doivent être prises en compte. Il est important de veiller à ce que l'utilisation de ces technologies soit responsable et éthique, et de travailler ensemble pour créer un avenir meilleur pour tous.

Il est également important de mentionner que l'utilisation de robots peut avoir un impact sur l'environnement. Par exemple, si l'automatisation est utilisée pour remplacer les transports en commun ou les véhicules individuels, cela peut entraîner une augmentation de la pollution de l'air et du bruit. Il est important de prendre en compte ces conséquences potentielles et de veiller à ce que les technologies robotiques soient utilisées de manière responsable et durable.

En outre, il y a des préoccupations concernant la sécurité des robots et leur potentiel de développer des comportements imprévisibles ou dangereux. Cela peut être particulièrement préoccupant dans les situations où les robots sont utilisés dans des domaines critiques, comme la sécurité publique ou la santé. Il est donc important de mettre en place des normes et des réglementations pour gérer ces risques et veiller à ce que les robots soient utilisés de manière sûre et responsable.

En résumé, la vie avec les robots présente de nombreuses implications économiques, sociales et environnementales qui doivent être prises en compte. Il est important de veiller à ce que l'utilisation de ces technologies soit responsable et éthique, et de travailler ensemble pour créer un avenir meilleur pour tous.

Voici quelques exemples d'implications économiques et sociales de la vie avec les robots :

- Implications économiques :

  - Augmentation de la productivité et de la compétitivité des entreprises grâce à l'automatisation de certaines tâches
  - Réduction des coûts de main-d'œuvre
  - Risque de perte d'emplois pour les travailleurs remplacés par des robots
  - Inégalité des chances et de l'accès aux technologies robotiques
  - Changement de la structure de l'économie et de la société en raison de la réduction de la demande de main-d'œuvre

- Implications sociales :

  - Impact sur les relations entre les travailleurs et les employeurs
  - Impact sur les relations interpersonnelles en général
  - Inégalité économique et sociale si l'automatisation se développe de manière inégale
  - Impact sur l'environnement, par exemple en cas d'augmentation de la pollution de l'air et du bruit

o   Préoccupations concernant la sécurité des robots et leur potentiel de développer des comportements imprévisibles ou dangereux.

Il est important de prendre en compte ces implications et de mettre en place des mesures pour gérer ces risques et opportunités de manière responsable et éthique.

4 AMELIORATION DE LA QUALITE DE VIE

Les robots peuvent apporter de nombreux avantages et améliorer significativement la qualité de vie de nombreuses personnes dans différents domaines. Voici quelques exemples de ces avantages :

- Aide à la vie quotidienne : Les robots peuvent être utilisés pour accomplir diverses tâches ménagères, comme le nettoyage ou la préparation de repas, ce qui peut faciliter la vie quotidienne des individus et leur permettre de se concentrer sur d'autres activités.

- Aide aux personnes âgées ou à mobilité réduite : Les robots peuvent être utilisés pour offrir une assistance aux personnes âgées ou à mobilité réduite, comme la prise de médicaments ou l'aide à la mobilité. Cela peut améliorer considérablement leur qualité de vie et leur permettre de vivre de manière plus autonome.

- Aide à l'éducation et à l'apprentissage : Les robots peuvent être utilisés comme outils pédagogiques pour aider les élèves à apprendre de manière interactive et ludique. Ils peuvent également être utilisés pour offrir des cours en ligne et permettre l'accès à l'éducation à des personnes qui ne peuvent pas se déplacer.

- Amélioration de la sécurité et de la santé : Les robots peuvent être utilisés pour améliorer la sécurité, par exemple en surveillant les lieux publics ou en alertant les secours en cas d'urgence. Ils peuvent également être utilisés en tant qu'assistants de soins de santé, comme les robots de télésanté, pour offrir des soins de qualité aux patients et soulager le personnel soignant.

En résumé, l'utilisation de robots peut améliorer considérablement la qualité de vie de nombreuses personnes dans différents domaines. Il est important de continuer à développer ces technologies de manière responsable et éthique, afin de maximiser leurs avantages pour l'ensemble de la société.

Il est important de noter que, pour que les robots puissent apporter ces avantages et améliorer la qualité de vie de manière significative, il est nécessaire de mettre en place une infrastructure adéquate pour leur utilisation. Cela peut inclure des réseaux de communication et de données fiables, ainsi que des normes et des réglementations pour gérer les risques et les opportunités liés à l'utilisation de ces technologies.

En outre, il est important de veiller à ce que l'utilisation de robots soit accessible et inclusive, afin que toutes les personnes puissent en bénéficier. Cela peut inclure la mise en place de programmes de formation pour aider les personnes à acquérir les compétences nécessaires pour utiliser ces technologies de manière efficace, ainsi que la création de programmes de soutien pour aider les personnes à mobilité réduite ou âgées à utiliser ces technologies de manière autonome.

En conclusion, l'utilisation de robots peut apporter de nombreux avantages et améliorer la qualité de vie de nombreuses personnes. Il est important de mettre en place une infrastructure adéquate et de veiller à ce que ces technologies soient accessibles et inclusives pour tous, afin de maximiser leur potentiel de bénéfices pour l'ensemble de la société.

1. Les robots peuvent effectuer des tâches fastidieuses et répétitives à notre place, comme le tri de pièces dans une usine, ce qui permet de soulager l'homme de cette tâche peu gratifiante et de se concentrer sur des tâches plus créatives.

2. Les robots peuvent être utilisés pour réaliser des tâches dangereuses, comme la démolition de bâtiments ou la maintenance d'équipements industriels, ce qui permet de réduire les risques de blessures pour les travailleurs et de rendre ces métiers plus accessibles.

3. Les robots peuvent être utilisés pour aider les personnes âgées ou handicapées dans leur vie

quotidienne, par exemple en effectuant des tâches simples comme allumer la lumière ou préparer un repas, ce qui leur permet de conserver une certaine autonomie et de mieux vivre au quotidien.

4. Les robots peuvent être utilisés pour améliorer l'efficacité et la qualité de certains services, comme dans les hôpitaux où ils peuvent être utilisés pour transporter des médicaments ou des équipements, ce qui permet de réduire les temps d'attente et de consacrer plus de temps aux patients.

Bien que les robots puissent apporter de nombreux bénéfices en termes d'amélioration de la qualité de vie, il est important de gérer correctement leur introduction dans notre vie quotidienne. Il est crucial de s'assurer que les robots ne remplacent pas les emplois de l'homme de manière abusive, mais qu'ils viennent plutôt en complément pour soulager l'homme de certaines tâches fastidieuses ou dangereuses.

De même, il est important de veiller à ce que les robots soient utilisés de manière éthique et responsable. Par exemple, il ne serait pas acceptable de faire travailler des robots sans leur octroyer des conditions de travail décentes ou de les utiliser pour des fins nuisibles à l'homme ou à l'environnement.

Enfin, il est essentiel de veiller à ce que l'utilisation des robots ne déstabilise pas l'équilibre socio-économique en créant de grandes inégalités entre ceux qui en ont accès et ceux qui en sont exclus. Il est donc important de mettre en place des politiques et des réglementations adéquates pour encadrer l'utilisation des robots et en garantir l'accessibilité pour tous.

En résumé, l'utilisation des robots peut apporter de nombreux bénéfices pour améliorer notre qualité de vie, à condition de gérer correctement leur introduction et de veiller à leur utilisation éthique et responsable. Si nous parvenons à trouver un juste équilibre entre les avantages offerts par les robots et les préoccupations légitimes liées à leur utilisation, nous pouvons espérer vivre de manière plus agréable et plus confortable grâce aux robots."

5   RISQUES POTENTIELS D'UTILISATION

Comme toute innovation technologique, l'utilisation des robots comporte certains risques qui doivent être pris en compte. Il est donc important de connaître ces risques et de mettre en place des mesures adéquates pour les gérer de manière responsable.

Un des principaux risques liés à l'utilisation des robots concerne leur impact sur l'emploi. En effet, les robots peuvent remplacer les êtres humains dans certaines tâches, ce qui peut entraîner la suppression de certains emplois. Il est donc important de s'assurer que l'utilisation des robots ne se fait pas au détriment des emplois de l'homme et qu'elle vient plutôt en complément pour soulager l'homme de certaines tâches fastidieuses ou dangereuses.

Un autre risque potentiel concerne l'éthique de l'utilisation des robots. En effet, il est important de veiller à ce que les robots soient utilisés de manière responsable et éthique, et de s'assurer qu'ils ne sont pas utilisés pour des fins nuisibles à l'homme ou à l'environnement.

En outre, l'utilisation des robots peut également entraîner des risques de sécurité. Par exemple, en cas de défaillance de leur système de contrôle, les robots peuvent causer des accidents ou des blessures aux êtres humains. Il est donc important de mettre en place des mesures de sécurité adéquates pour éviter ce type de risques.

Enfin, l'utilisation des robots peut également entraîner des risques de dépendance et de perte de savoir-faire de la part de l'homme. En effet, si les êtres humains sont trop dépendants des robots pour accomplir certaines tâches, ils risquent de perdre certaines compétences et de devenir dépendants de ces machines. Il est donc important de veiller à ne pas développer une dépendance excessive vis-à-vis des robots et à maintenir un certain équilibre dans l'utilisation de ces derniers.

En résumé, l'utilisation des robots peut présenter certains risques potentiels qui doivent être pris en compte et gérés de manière responsable. Il est important de veiller à ce que l'utilisation des robots ne se fasse pas au détriment des emplois de l'homme, qu'elle soit éthique et responsable, qu'elle ne comporte pas de risques de sécurité et qu'elle ne développe pas une dépendance excessive vis-à-vis des robots.

Pour gérer ces risques potentiels de manière responsable, il est important de mettre en place des réglementations et des politiques adéquates. Ces réglementations et politiques doivent notamment prévoir des dispositions pour protéger les emplois de l'homme, pour encadrer l'utilisation éthique et responsable des robots et pour garantir la sécurité de leur utilisation.

Il est également important de veiller à une répartition équitable de l'utilisation des robots et à une accessibilité de ces derniers pour tous. Cela permet de prévenir les inégalités et de garantir que l'utilisation des robots bénéficie à tous, et non seulement à une minorité.

Enfin, il est important de veiller à maintenir un certain équilibre dans l'utilisation des robots et à ne pas développer une dépendance excessive vis-à-vis de ces derniers. Cela permet de préserver les compétences de l'homme et de ne pas créer une dépendance vis-à-vis des machines.

En résumé, pour gérer les risques potentiels liés à l'utilisation des robots de manière responsable, il est important de mettre en place des réglementations et des politiques adéquates, de veiller à une répartition équitable de l'utilisation des robots et à leur accessibilité pour tous, et de maintenir un certain équilibre dans l'utilisation de ces derniers.

Voici quelques exemples qui illustrent comment gérer les risques potentiels liés à l'utilisation des robots de manière responsable :

1. Mettre en place des réglementations et des politiques adéquates : cela peut inclure des dispositions pour protéger les emplois de l'homme, pour encadrer l'utilisation éthique et responsable des robots et pour garantir la sécurité de leur utilisation.

2. Veiller à une répartition équitable de l'utilisation des robots et à leur accessibilité pour tous : cela peut inclure des dispositions pour garantir que l'utilisation des robots bénéficie à tous et non seulement à une minorité, par exemple en mettant en place des programmes de formation pour permettre à tous de se familiariser avec l'utilisation des robots.

3. Maintainer un certain équilibre dans l'utilisation des robots et ne pas développer une dépendance excessive vis-à-vis de ces derniers : cela peut inclure des dispositions pour encourager l'homme à maintenir ses compétences et à ne pas devenir trop dépendant des robots, par exemple en proposant des programmes de formation pour permettre aux individus de se former à de nouvelles compétences.

6 REGLEMENTATIONS ET LOIS EN PLACE

Au fur et à mesure de l'avancement de la technologie et de l'augmentation de la présence des robots dans notre vie quotidienne, il est important de mettre en place des règlementations et des lois pour encadrer leur utilisation et garantir la sécurité et les droits des individus.

Dans de nombreux pays, des lois ont déjà été mises en place pour réglementer l'utilisation de robots dans divers domaines, tels que la santé, le transport et l'industrie. Par exemple, il existe des normes de sécurité strictes pour les robots chirurgicaux afin de garantir la sécurité des patients. Dans le domaine du transport, il y a des règles concernant l'utilisation de drones et de véhicules autonomes pour s'assurer qu'ils ne causent pas de danger pour les personnes ou les biens.

Il est également important de s'assurer que les robots ne sont pas utilisés de manière discriminatoire ou injuste. Par exemple, il y a eu des préoccupations quant à l'utilisation de robots pour remplacer des travailleurs humains, ce qui a conduit à des lois visant à protéger les droits des travailleurs et à encadrer l'utilisation de la technologie de l'automatisation dans l'industrie.

En outre, il est crucial de garantir que les données collectées par les robots soient utilisées de manière responsable et éthique. Des lois sur la protection de la vie privée et sur la gestion des données ont été mises en place dans de nombreux pays pour s'assurer que les données des individus ne sont pas utilisées à des fins abusives ou injustes.

Il est important de continuer à mettre en place de nouvelles règlementations et lois pour encadrer l'utilisation de la technologie robotique et s'assurer que les robots sont utilisés de manière responsable et éthique. En travaillant ensemble pour établir ces normes et en veillant à ce qu'elles soient respectées, nous pouvons construire une société durable et équitable où les humains et les robots coexistent de manière harmonieuse.

Malgré l'importance de ces règlementations et lois, il est important de noter qu'il peut être difficile de mettre en place des normes pour encadrer l'utilisation de la technologie robotique, en particulier dans un monde en constante évolution. La technologie évolue rapidement et de nouvelles applications pour les robots sont constamment développées, ce qui peut rendre difficile l'élaboration de lois et de règlementations qui sont à la fois efficaces et adaptées à la situation.

Il est également important de tenir compte des différences culturelles et des différents contextes dans lesquels les robots sont utilisés lors de l'élaboration de ces lois et règlementations. Ce qui peut être acceptable dans un pays peut ne pas l'être dans un autre, et il est important de prendre en compte ces différences lors de l'élaboration de normes globales.

En fin de compte, il est crucial de continuer à travailler ensemble pour établir des réglementations et des lois qui permettent à l'homme et aux robots de coexister de manière harmonieuse et équitable. Cela nécessite une collaboration internationale et la participation de tous les secteurs de la société, y compris les gouvernements, les entreprises et les organisations de la société civile. En travaillant ensemble, nous pouvons créer un avenir où les humains et les robots peuvent travailler main dans la main pour construire une société plus prospère et durable.

Il est également important de souligner que les réglementations et lois en place ne sont qu'une partie de la solution pour garantir une coexistence harmonieuse entre les humains et les robots. Il est également important de sensibiliser les individus aux bénéfices et aux risques de l'utilisation de la technologie robotique, ainsi qu'à leur responsabilité en tant qu'utilisateurs de cette technologie.

En outre, il est crucial de s'assurer que les robots sont développés et utilisés de manière responsable, en veillant à ce qu'ils soient éthiquement conçus et programmés de manière à respecter les droits de l'homme et à éviter toute forme de discrimination. Cela peut être réalisé en s'assurant que les personnes qui conçoivent et programment les robots sont conscientes de leurs responsabilités éthiques et en veillant à ce qu'il y ait une diversité de perspectives et de points de vue représentés dans le processus de développement de la technologie.

En fin de compte, la coexistence harmonieuse entre les humains et les robots exige une approche à plusieurs niveaux qui inclut des règlementations et des lois efficaces, une sensibilisation adéquate et un développement et une utilisation responsables de la technologie robotique. En travaillant ensemble pour atteindre cet objectif, nous pouvons construire un avenir où les humains et les robots peuvent coexister de manière pacifique et bénéfique pour tous.

Voici un exemple qui illustre l'importance des règlementations et lois en place pour encadrer l'utilisation de la technologie robotique :

Imaginez que vous êtes propriétaire d'une entreprise de transport de marchandises et que vous avez décidé d'investir dans des camions autonomes pour effectuer les livraisons. Sans règlementations et lois en place pour encadrer l'utilisation de ces véhicules autonomes, il y aurait un risque important pour la sécurité des personnes et des biens sur les routes. Les camions autonomes pourraient se retrouver impliqués dans des accidents, causant des dommages matériels et des blessures aux personnes impliquées.

Pour éviter ces risques, il est important que des lois soient mises en place pour encadrer l'utilisation de ces véhicules autonomes. Ces lois peuvent inclure des normes de sécurité strictes pour les camions autonomes, ainsi que des exigences en matière de formation et de certification pour les conducteurs de camions autonomes. En mettant en place ces règlementations et lois, nous pouvons nous assurer que les camions autonomes sont utilisés de manière sécuritaire et responsable, ce qui contribue à une coexistence harmonieuse entre les humains et les robots sur les routes.

7 PROGRÈS TECHNOLOGIQUES EN MATIÈRE DE ROBOTS AUTONOMES

Les progrès technologiques en matière de robots autonomes ont considérablement évolué ces dernières années. Aujourd'hui, les robots sont de plus en plus sophistiqués et capables de s'adapter à leur environnement de manière autonome, ce qui leur permet de remplir de nombreuses tâches différentes.

Les robots autonomes sont utilisés dans un large éventail de domaines, allant de l'industrie à la logistique en passant par la santé et les services. Ils sont notamment utilisés pour effectuer des tâches dangereuses ou fastidieuses, pour surveiller et surveiller l'environnement, ou pour offrir une assistance aux personnes âgées ou handicapées.

En outre, les progrès technologiques en matière de robots autonomes ont permis le développement de nouvelles technologies, telles que la robotique mobile et volante, qui ont ouvert de nouvelles possibilités pour l'exploration et l'assistance dans des environnements difficiles d'accès.

Cependant, il reste encore beaucoup à faire pour améliorer la sécurité et la fiabilité des robots autonomes. Des efforts importants sont déployés pour développer leur intelligence artificielle et leur capacité à prendre des décisions de manière autonome. En outre, il est crucial de mettre en place des réglementations et des lois pour encadrer l'utilisation de ces robots et garantir la sécurité des personnes et de l'environnement.

En somme, les progrès technologiques en matière de robots autonomes ont ouvert de nombreuses possibilités, mais il est important de continuer à travailler pour assurer la sécurité et la fiabilité de ces robots.

Il est également important de noter que les progrès technologiques en matière de robots autonomes ont des répercussions sur l'emploi et l'économie. En effet, l'automatisation de certaines tâches par des robots peut avoir un impact sur l'emploi humain, en particulier dans les domaines où les robots sont capables de remplacer l'homme de manière efficace et rentable. C'est pourquoi il est important de réfléchir aux conséquences économiques et sociales de l'utilisation de robots autonomes et de mettre en place des politiques pour atténuer les effets négatifs sur l'emploi et la société.

En outre, l'utilisation de robots autonomes peut également susciter des inquiétudes quant à la protection de la vie privée et à la sécurité de l'information. En effet, les robots autonomes sont souvent équipés de capteurs et de technologies de suivi qui peuvent collecter des données sur leur environnement et sur les personnes qu'ils côtoient. Il est donc important de mettre en place des réglementations pour protéger la vie privée et la sécurité de l'information en cas d'utilisation de robots autonomes.

En conclusion, les progrès technologiques en matière de robots autonomes ont ouvert de nombreuses possibilités, mais il est important de continuer à travailler pour assurer la sécurité et la fiabilité de ces robots, ainsi que pour encadrer leur utilisation afin de protéger l'emploi, la société et la vie privée.

Il convient également de noter que les progrès technologiques en matière de robots autonomes ont des répercussions sur la manière dont nous vivons et interagissons avec ces machines. En effet, les robots autonomes peuvent être utilisés pour effectuer des tâches quotidiennes, telles que le ménage ou la préparation de repas, ce qui peut changer la manière dont nous vivons au quotidien. De même, l'utilisation de robots autonomes dans les soins de santé peut avoir un impact sur la manière dont nous recevons des soins et sur notre relation avec les professionnels de santé.

Il est donc important de réfléchir à la manière dont l'utilisation de robots autonomes peut affecter notre vie au quotidien et de mettre en place des politiques pour gérer ces changements. Par exemple, il peut être important de veiller à ce que les robots autonomes soient utilisés de manière responsable et éthique, de manière à respecter la vie privée et la dignité des personnes.

Enfin, il est également important de prendre en compte les préoccupations et les inquiétudes des personnes quant à l'utilisation de robots autonomes. Beaucoup de gens sont sceptiques ou même hostiles à l'idée de vivre ou de travailler avec des robots autonomes, et il est donc important de les inclure dans le processus de décision et de les associer aux débats sur l'utilisation de ces technologies.

En résumé, les progrès technologiques en matière de robots autonomes ont des répercussions sur de nombreux aspects de notre vie et de notre société, et il est important de réfléchir aux conséquences de leur utilisation et de mettre en place des politiques pour gérer ces changements de manière responsable et éthique.

Voici un exemple qui illustre les différents points que j'ai mentionnés dans mon texte sur les progrès technologiques en matière de robots autonomes :

Imaginons que l'on utilise des robots autonomes dans un hôpital pour effectuer des tâches de routine telles que la distribution de médicaments ou le nettoyage des chambres. Cela peut avoir plusieurs répercussions :

- En termes de sécurité et de fiabilité, il est important de s'assurer que les robots sont correctement programmés et testés pour éviter tout risque d'accident ou de dysfonctionnement.

- En termes de réglementation et de lois, il peut être nécessaire de mettre en place des règles pour encadrer l'utilisation de ces robots et garantir la sécurité des patients et du personnel.

- En termes d'emploi et d'économie, l'utilisation de robots peut avoir un impact sur l'emploi humain dans l'hôpital, en particulier si les robots sont capables de remplacer efficacement certains travailleurs. Il peut donc être important de mettre en place des politiques pour atténuer les effets négatifs sur l'emploi.

- En termes de vie privée et de sécurité de l'information, il est important de veiller à ce que les données collectées par les robots soient protégées et utilisées de manière responsable, conformément à la législation en matière de protection de la vie privée.

- En termes de relations avec les personnes, il peut être important de tenir compte des préoccupations et des inquiétudes des patients et du personnel quant à l'utilisation de robots dans l'hôpital, et de leur donner la possibilité de participer aux décisions concernant l'utilisation de ces technologies.

8 UTILISATION DES ROBOTS EN SANTÉ ET ASSISTANCE AUX PERSONNES ÂGÉES

Les robots sont de plus en plus utilisés dans le domaine de la santé et de l'assistance aux personnes âgées. Ils peuvent être utilisés pour effectuer des tâches de routine, telles que la distribution de médicaments ou le nettoyage des chambres, ou pour offrir une assistance directe aux personnes âgées ou handicapées, par exemple en leur donnant la possibilité de se déplacer ou en les aidant à effectuer des activités de la vie quotidienne.

L'utilisation de robots dans le domaine de la santé et de l'assistance aux personnes âgées peut présenter de nombreux avantages. Tout d'abord, les robots peuvent aider à soulager la charge de travail des professionnels de santé et des aidants naturels, en leur permettant de se concentrer sur les tâches qui nécessitent une intervention humaine. En outre, les robots peuvent offrir une assistance 24 heures sur 24, 7 jours sur 7, ce qui peut être particulièrement utile pour les personnes âgées ou handicapées qui ont besoin de soins constants.

De plus, l'utilisation de robots peut contribuer à améliorer la qualité des soins et à réduire les erreurs médicales. Par exemple, les robots peuvent être programmés pour surveiller les signes vitaux des patients et alerter le personnel en cas de changement anormal, ou pour administrer les médicaments de manière précise et en respectant le schéma posologique.

Cependant, il convient de noter que l'utilisation de robots dans le domaine de la santé et de l'assistance aux personnes âgées peut également susciter des préoccupations. Par exemple, certaines personnes peuvent être réticentes à l'idée de recevoir des soins de la part de robots, et il est important de tenir compte de leurs préoccupations et de leur donner la possibilité de choisir entre une intervention humaine et une intervention robotique. De même, il est important de veiller à ce que les robots soient utilisés de manière éthique et responsable, et de mettre en place des réglementations pour protéger la vie privée et la sécurité de l'information des patients.

En conclusion, l'utilisation de robots dans le domaine de la santé et de l'assistance aux personnes âgées peut présenter de nombreux avantages, mais il est important de tenir compte des préoccupations et de mettre en place des réglementations pour assurer l'utilisation éthique et responsable de ces technologies.

En plus de leur utilisation dans les hôpitaux et les maisons de retraite, les robots peuvent également être utilisés pour offrir une assistance aux personnes âgées ou handicapées dans leur domicile. Par exemple, il existe des robots qui peuvent aider les personnes âgées à se déplacer ou à effectuer des activités de la vie quotidienne, tels que la préparation des repas ou le ménage.

L'utilisation de robots à domicile peut être particulièrement utile pour les personnes âgées qui vivent seules et qui ont besoin de soins constants, mais qui souhaitent toutefois rester autonomes et indépendantes. Les robots peuvent leur offrir une assistance discrète et constante, sans pour autant affecter leur vie privée ou leur dignité.

De plus, l'utilisation de robots à domicile peut aider à soulager la charge de travail des aidants naturels, qui sont souvent des membres de la famille ou des amis qui s'occupent des personnes âgées ou handicapées à titre bénévole. Les robots peuvent leur offrir un soutien précieux en leur permettant de se libérer du temps pour s'occuper d'autres tâches ou simplement se reposer.

Cependant, il convient de noter que l'utilisation de robots à domicile peut également poser des problèmes de sécurité et de fiabilité. Par exemple, il est important de s'assurer que les robots sont correctement programmés et entretenus pour éviter tout risque d'accident ou de dysfonctionnement. De même, il est important de veiller à ce que les robots ne soient pas utilisés pour remplacer totalement les soins humains et de s'assurer que les personnes âgées ou handicapées ont toujours accès à des soins de qualité et à une assistance humaine si nécessaire.

En conclusion, l'utilisation de robots pour offrir une assistance aux personnes âgées ou handicapées peut être très utile, mais il est important de tenir compte des préoccupations de sécurité et de fiabilité et de veiller à ce que les robots soient utilisés de manière responsable et éthique.

Il convient également de noter que les robots peuvent être utilisés pour offrir une assistance aux personnes atteintes de maladies mentales ou de troubles du comportement. Par exemple, il existe des robots qui peuvent aider les personnes atteintes de dépression ou d'anxiété en leur proposant des exercices de relaxation ou en leur offrant une présence rassurante et bienveillante.

De même, les robots peuvent être utilisés pour offrir une assistance aux personnes atteintes de troubles du comportement, comme l'autisme ou la schizophrénie. Ils peuvent aider ces personnes à s'exprimer ou à communiquer, ou à effectuer des activités de la vie quotidienne qui leur sont difficiles.

L'utilisation de robots pour offrir une assistance aux personnes atteintes de maladies mentales ou de troubles du comportement peut être particulièrement utile, car ces personnes peuvent avoir du mal à interagir avec les autres et à recevoir des soins humains. Les robots peuvent leur offrir une présence constante et bienveillante, et leur permettre de s'exprimer et de communiquer de manière plus facile.

Cependant, il convient de noter que l'utilisation de robots pour offrir une assistance aux personnes atteintes de maladies mentales ou de troubles du comportement peut également susciter des préoccupations éthiques et de protection de la vie privée. Par exemple, il est important de s'assurer que les données collectées par les robots sont protégées et utilisées de manière responsable, et que les personnes atteintes de troubles mentaux ou de troubles du comportement sont traitées avec respect et dignité.

Voici un exemple qui illustre l'utilisation de robots pour offrir une assistance aux personnes atteintes de maladies mentales ou de troubles du comportement :

Imaginons que l'on utilise des robots pour offrir une assistance aux personnes atteintes de dépression. Ces robots peuvent être programmés pour proposer des exercices de relaxation, comme la respiration profonde ou la méditation, et pour offrir une présence rassurante et bienveillante aux personnes atteintes de dépression.

Par exemple, un robot peut être programmé pour être actif pendant certaines périodes de la journée, comme le matin ou le soir, et pour proposer des exercices de relaxation ou des activités ludiques aux personnes atteintes de dépression. Il peut également être programmé pour écouter les personnes atteintes de dépression et pour leur offrir des conseils ou des encouragements.

De cette manière, le robot peut offrir une assistance constante et bienveillante aux personnes atteintes de dépression, et leur permettre de mieux gérer leur état émotionnel et de s'exprimer de manière plus facile. Cependant, il est important de noter que le robot ne doit pas être utilisé pour remplacer totalement les soins humains et que les personnes atteintes de dépression doivent toujours avoir accès à des soins de qualité et à une assistance humaine si nécessaire.

9 ROBOTS DE SERVICE DANS L'INDUSTRIE DU TOURISME

Avec l'avènement de la technologie de l'intelligence artificielle, les robots de service sont de plus en plus utilisés dans l'industrie du tourisme. Ces robots peuvent être utilisés pour effectuer diverses tâches telles que accueillir les clients à l'hôtel, les guider dans les attractions touristiques, leur fournir des informations et même leur servir des repas.

Les robots de service ont l'avantage de travailler sans pause et sans se plaindre, ce qui peut être bénéfique pour les entreprises touristiques qui cherchent à réduire leurs coûts de main-d'œuvre. Ils peuvent également être programmés pour parler plusieurs langues, ce qui est pratique pour les hôtels et les attractions touristiques qui accueillent des clients du monde entier.

Cependant, il est important de noter que les robots de service ne peuvent pas remplacer complètement le personnel humain. Ils ne peuvent pas offrir la même chaleur et le même sens de l'hospitalité que les êtres humains, et ils peuvent parfois être limités dans leur capacité à répondre à des demandes spécifiques ou à résoudre des problèmes complexes.

En fin de compte, l'utilisation de robots de service dans l'industrie du tourisme peut être bénéfique à condition de trouver un juste équilibre entre la technologie et le personnel humain. En travaillant de concert, les deux peuvent offrir une expérience de voyage exceptionnelle pour les clients.

Il est également important de prendre en compte les préoccupations des travailleurs de l'industrie du tourisme concernant l'utilisation de robots de service. Alors que certains peuvent craindre d'être remplacés par des machines, il est important de se rappeler que les robots de service ne peuvent pas remplacer complètement le personnel humain et que les compétences et l'expérience des employés sont toujours précieuses.

En outre, il est essentiel de garantir que les travailleurs de l'industrie du tourisme sont formés et préparés à travailler avec des robots de service. Cela peut inclure des programmes de formation sur l'utilisation de la technologie de l'IA et sur la façon de travailler de manière efficace avec les robots de service pour offrir la meilleure expérience possible aux clients.

En conclusion, les robots de service peuvent être une excellente addition à l'industrie du tourisme, mais il est important de trouver un équilibre entre la technologie et le personnel humain. En travaillant ensemble, les deux peuvent offrir une expérience de voyage exceptionnelle pour les clients tout en préservant les emplois et les compétences des travailleurs de l'industrie du tourisme.

Il y a plusieurs exemples de l'utilisation de robots de service dans l'industrie du tourisme à travers le monde. Par exemple, un hôtel japonais a déployé des robots qui peuvent accueillir les clients à la réception, les guider jusqu'à leur chambre et même leur servir des boissons au bar. Un parc d'attractions en Chine a également utilisé des robots pour donner des informations aux visiteurs et les aider à trouver leur chemin dans les attractions.

En plus de leur utilisation dans les hôtels et les parcs d'attractions, les robots de service peuvent également être utilisés dans les restaurants et les bars pour servir des repas et des boissons. Certains restaurants ont même des robots qui peuvent préparer des plats et des boissons de manière autonome.

Il est important de noter que l'utilisation de robots de service dans l'industrie du tourisme est encore relativement nouvelle et qu'il y a encore beaucoup à découvrir sur les meilleures façons de les utiliser de manière efficace. Cependant, il y a de nombreux avantages potentiels à l'utilisation de cette technologie, y compris la réduction des coûts de main-d'œuvre, l'amélioration de l'efficacité et la création d'une expérience de voyage exceptionnelle pour les clients.

Voici un exemple d'utilisation de robots de service dans l'industrie du tourisme :

Imaginons que vous ayez réservé une chambre dans un hôtel haut de gamme qui utilise des robots de service. Lorsque vous arrivez à l'hôtel, vous êtes accueilli par un robot qui parle votre langue et qui vous guide jusqu'à la réception. Là, vous pouvez utiliser un kiosque automatisé pour enregistrer votre arrivée et recevoir votre clé de chambre.

Une fois que vous êtes installé dans votre chambre, vous pouvez utiliser une application sur votre téléphone pour commander de la nourriture ou des boissons qui seront livrées par un robot. Vous pouvez également demander à un robot de vous guider jusqu'aux attractions touristiques ou de vous donner des conseils sur les meilleurs endroits où manger dans les environs.

En fin de séjour, vous pouvez utiliser à nouveau le kiosque automatisé pour enregistrer votre départ et recevoir votre facture. Le robot qui vous a accueilli à votre arrivée vous salue à nouveau et vous souhaite un bon retour chez vous.

Cet exemple montre comment les robots de service peuvent être utilisés de manière efficace pour améliorer l'expérience des clients dans l'industrie du tourisme, tout en réduisant les coûts de main-d'œuvre pour l'hôtel.

10 PLACE DES ROBOTS DANS L'AVENIR.

L'utilisation des robots dans notre vie quotidienne ne fait que s'accroître et il est de plus en plus probable que cette tendance se poursuive à l'avenir. Les robots peuvent être utilisés pour effectuer des tâches dangereuses ou fastidieuses, ainsi que pour fournir des services de manière plus efficace et à moindre coût.

Il est difficile de prédire exactement comment les robots seront utilisés dans l'avenir, mais il y a de nombreuses possibilités intéressantes. Par exemple, il est possible que les robots soient utilisés de manière plus intensive dans les soins de santé, en aidant les professionnels de santé à effectuer des tâches telles que la prise de tension artérielle ou la distribution de médicaments. Les robots pourraient également être utilisés pour aider à la construction de bâtiments et d'infrastructures, ainsi que pour entretenir les espaces publics.

Il est également possible que les robots soient utilisés de manière plus étendue dans le domaine de la sécurité et de la surveillance, en aidant à protéger les personnes et les biens contre les dangers. Les robots pourraient être utilisés pour patrouiller dans les aéroports et les gares, ainsi que pour surveiller les frontières et les zones sensibles.

Il est important de noter que l'utilisation des robots dans l'avenir ne se fera pas sans défis. Il y a de nombreuses questions éthiques et sociales à prendre en compte, telles que la manière dont les robots affecteront l'emploi et la manière dont ils seront utilisés de manière responsable. Il est essentiel de travailler en collaboration pour trouver des solutions aux défis posés par l'utilisation croissante des robots dans notre vie quotidienne.

En fin de compte, la place des robots dans l'avenir dépendra de la façon dont nous choisissons de les utiliser. Si nous sommes intelligents et responsables dans notre utilisation de cette technologie, les robots peuvent offrir de nombreux avantages et contribuer à améliorer notre qualité de vie.

Il est également possible que les robots soient utilisés de manière plus étendue dans les services de transport, en aidant à conduire les voitures et les camions de manière autonome. Cela pourrait contribuer à réduire les accidents de la route et à rendre les déplacements plus efficaces, tout en libérant du temps pour les personnes qui utilisent ces services.

Les robots pourraient également être utilisés de manière plus intensive dans l'agriculture et l'aquaculture, en aidant à cultiver et à récolter les aliments de manière plus efficace. Cela pourrait contribuer à répondre aux besoins alimentaires grandissants de la population mondiale tout en réduisant la main-d'œuvre nécessaire.

En plus de leur utilisation dans les domaines mentionnés ci-dessus, il y a de nombreuses autres possibilités pour l'utilisation des robots dans l'avenir. Par exemple, les robots pourraient être utilisés pour explorer l'espace et pour mener des recherches scientifiques, ou pour aider à nettoyer les océans et à protéger l'environnement.

Il est important de noter que l'avenir de la robotique est encore incertain et que de nombreux développements sont à venir. Cependant, il est clair que les robots auront une place importante dans notre vie quotidienne à l'avenir et il est essentiel de s'assurer que nous utilisons cette technologie de manière responsable et éthique.

Il est également important de prendre en compte les préoccupations des travailleurs concernant l'utilisation accrue des robots dans l'avenir. Alors que certains peuvent craindre d'être remplacés par des machines, il est important de se rappeler que les robots ne peuvent pas remplacer complètement le personnel humain et que les compétences et l'expérience des employés sont toujours précieuses.

Il est donc essentiel de s'assurer que les travailleurs sont formés et préparés à travailler avec des robots de manière efficace. Cela peut inclure des programmes de formation sur l'utilisation de la technologie de l'IA et sur la façon de travailler de manière efficace avec les robots pour offrir la meilleure expérience possible aux clients.

En fin de compte, la place des robots dans l'avenir dépendra de la façon dont nous choisissons de les utiliser. Si nous sommes intelligents et responsables dans notre utilisation de cette technologie, les robots peuvent offrir de nombreux avantages et contribuer à améliorer notre qualité de vie, tout en préservant les emplois et les compétences des travailleurs.

Voici un exemple d'utilisation de robots dans l'avenir :

Imaginons que vous viviez dans une ville où les robots sont utilisés de manière intensive pour effectuer diverses tâches. Lorsque vous vous réveillez le matin, vous êtes accueilli par un robot qui vous sert votre petit déjeuner et qui prépare votre café selon vos préférences. Vous utilisez également un robot pour vous aider à vous habiller et à vous coiffer.

Lorsque vous partez pour le travail, vous montez dans un bus autonome qui est conduit par un robot. Pendant le trajet, vous utilisez votre ordinateur portable pour travailler et vous êtes assisté par un robot qui vous apporte des rafraîchissements et qui répond à vos questions.

Lorsque vous rentrez chez vous le soir, vous êtes accueilli par un robot qui a préparé votre dîner et qui a mis en place votre salon pour la soirée. Vous pouvez utiliser un robot pour vous aider à faire vos courses et à entretenir votre maison, tout en profitant de votre soirée de détente.

Cet exemple montre comment les robots pourraient être utilisés de manière intensive dans notre vie quotidienne à l'avenir, en nous aidant à effectuer diverses tâches et à améliorer notre qualité de vie. Cependant, il est important de noter que cette utilisation intensive des robots soulève également de nombreuses questions éthiques et sociales qui devront être prises en compte.

CONCLUSION

Au cours des dernières décennies, nous avons vu une utilisation croissante de la technologie de l'IA et de la robotique dans notre vie quotidienne. Les robots peuvent être utilisés de manière efficace pour effectuer diverses tâches, allant de la prise en charge de clients dans l'industrie du tourisme à la conduite de véhicules autonomes en passant par l'entretien de l'environnement.

Bien que l'utilisation des robots puisse offrir de nombreux avantages, il est important de prendre en compte les préoccupations des travailleurs et de s'assurer que cette technologie est utilisée de manière responsable et éthique. Il est également important de se rappeler que les robots ne peuvent pas remplacer complètement le personnel humain et que les compétences et l'expérience des employés sont toujours précieuses.

En fin de compte, la façon dont nous choisissons d'utiliser les robots déterminera leur place dans notre vie quotidienne à l'avenir. Si nous sommes intelligents et responsables dans notre utilisation de cette technologie, les robots peuvent nous aider à améliorer notre qualité de vie tout en préservant les emplois et les compétences des travailleurs.